BEI GRIN MACHT SICH IHR WISSEN BEZAHLT

- Wir veröffentlichen Ihre Hausarbeit, Bachelor- und Masterarbeit

- Ihr eigenes eBook und Buch - weltweit in allen wichtigen Shops

- Verdienen Sie an jedem Verkauf

Jetzt bei www.GRIN.com hochladen und kostenlos publizieren

Bibliografische Information der Deutschen Nationalbibliothek:

Die Deutsche Bibliothek verzeichnet diese Publikation in der Deutschen National-
bibliografie; detaillierte bibliografische Daten sind im Internet über http://dnb.d-
nb.de/ abrufbar.

Impressum:

Copyright © 2018 GRIN Verlag
Druck und Bindung: Books on Demand GmbH, Norderstedt Germany
ISBN: 9783668756038

Dieses Buch bei GRIN:

https://www.grin.com/document/434199

Nora Schrader

Diskussion über eine Schutzimpfung gegen Masern (10. Klasse, Biologie)

GRIN Verlag

Landesinstitut für
Lehrerbildung und

Schulentwicklung

Abteilung
Ausbildung

Schule:	Stadtteilschule
Lerngruppe:	Jahrgang10

Thema der Unterrichtseinheit: **Gesundheit des Menschen**

Thema der Unterrichtstunde: **Sollte in Deutschland eine verpflichtende Schutzimpfung gegen Masern eingeführt werden?**

Inhaltsverzeichnis:

1. Angaben zur Lerngruppe

Die ausgewählte Lerngruppe umfasst den Jahrgang 10, den ich seit Mitte Februar des zweiten Schulhalbjahres unterrichte.

Insgesamt bringt die Lerngruppe eine hohe Motivation für den Biologieunterricht mit, partizipiert aktiv und bereichert den Unterricht durch viele gewinnbringende, produktive Beiträge. Einigen Schülerinnen und Schülern fällt die Herangehensweise an Aufgaben, bei denen vermehrt analytisches Denken gefragt ist, leicht. In bereits bekannten Kontexten gelingt nahezu allen Lernenden ein adäquater Umgang mit naturwissenschaftlichen Themen. In komplexeren Aufgabensettings können anfangs bei leistungsschwächeren Heranwachsenden Schwierigkeiten in der Herangehensweise entstehen. Um jeden der Lernenden die erfolgreiche Arbeit am Lerngegenstand zu ermöglichen, werden im Unterricht Differenzierungsangebote bereitgestellt. Diese können zum Beispiel für leistungsschwächere Heranwachsende Hilfskarten mit zusätzlichen Informationen und Tipps für die Bewältigung von Aufgaben oder auch ein Expertenrat durch leistungsstärkere Lernende umfassen. Letztere haben nicht nur die Möglichkeit, in die Lehrerrolle überzugehen und ihr Wissen weiter zu geben, sondern auch die Themen mit diffizileren Aufgabenstellungen zu bearbeiten (in Anlehnung an den Anforderungsbereich III). Letztendlich liegt der Fokus des Unterrichtsgeschehens auf einer konstruktiven Lernatmosphäre, in der unter anderem eine hohe Schüleraktivierung besteht.

Basierend auf diesen Aspekten wird die folgende Hospitationsstunde ausgerichtet.

2. Thema der Unterrichtseinheit und der Stunde

Die aktuelle Unterrichtseinheit befasst sich mit dem Thema *Gesundheit des Menschen*. Thema der Unterrichtsstunde ist die Frage *Sollte in Deutschland eine verpflichtende Schutzimpfung gegen Masern eingeführt werden?*, die in einer quasi-authentischen Kommunikationssituation diskutiert und beurteilt wird.

3. Einbettung der Stunde in die Gesamtplanung

Die Hospitationsstunde ist Bestandteil der Unterrichtseinheit *Gesundheit des Menschen.* Im Zuge dieses Lernvorhabens können die Schülerinnen und Schüler zunächst Viren und Bakterien als Krankheitserreger unterscheiden und beschreiben. Sie lernen verschiedene Infektionskrankheiten kennen und können deren Symptome, Inkubationszeit, Ursachen, Behandlungsmöglichkeiten sowie präventive Maßnahmen beschreiben und beurteilen. Des Weiteren können die Lernenden die Funktionsweise der körpereigenen Immunabwehr darstellen. Zudem vergleichen und erklären sie die passive und aktive Immunisierung. Im Anschluss setzen sich die Lernenden mit Chancen und Problematiken von Impfungen auseinander; hier beispielhaft anhand der Masernerkrankung.

Die Hospitationsstunde fokussiert die Frage *Sollte in Deutschland eine verpflichtende Schutzimpfung gegen Masern eingeführt werden?* Als thematische Vorbereitung haben sich die Lernenden bereits in der zweiten Themeneinheit, *virale und bakterielle Infektionskrankheiten,* im Hinblick auf das Schwerpunktlernziel (s.u.) mit verschiedenen Aspekten der Masernerkrankung befasst und unter anderem den beispielhaften Verlauf einer Masernerkrankung mithilfe einer grafischen und textlichen Darstellung in Form einer Filmleiste verdeutlicht (Kompetenzbereiche Fachwissen und Erkenntnisgewinn). Zudem können sie präventive Maßnahmen in einem gegenseitigen Informationsaustausch reflektieren (Kompetenzbereich Kommunikation). In der vierten Lerneinheit haben die Schülerinnen und Schüler Informationen zur aktiven und passiven Immunisierung erarbeitet und können diese vergleichen (Kompetenzbereiche Fachwissen und Erkenntnisgewinn). Vor der Hospitationsstunde haben die Lernenden Recherchen zum Thema durchgeführt, Informationen sach- und fachbezogen erschlossen und diese ausgetauscht (Fachbereich Kommunikation). Sie haben sich auf ihre jeweilige Rolle in der Pro- beziehungsweise Contragruppe vorbereitet, indem sie mithilfe ihres Informationsmaterials gemeinsam Argumente / ein Eingangsplädoyer formuliert sowie diskutiert und mit

Beispielen / Erklärungen untermauert haben. Basierend auf der thematischen Vorbereitung sollen die Schülerinnen und Schüler in der Hospitationsstunde das Lernziel *Die SuS können Chancen und Problematiken einer verpflichtenden Masernimpfung beurteilen* erreichen.

Einen Überblick der Themen und Schwerpunktlernziele dieses Halbjahres gibt die folgende Tabelle:

Thema	Schwerpunktlernziel
1. Viren und Bakterien	Die SuS können Viren und Bakterien als Krankheitserreger unterscheiden und beschreiben.
2. virale und bakterielle Infektionskrankheiten	Die SuS können die Symptome, die Inkubationszeit, die Ursachen, Behandlungsmöglichkeiten und präventive Maßnahmen verschiedener Infektionskrankheiten beschreiben. Sie können Maßnahmen reflektieren, um sich vor Infektionen zu schützen. Sie können die Folgen einer globalen Infektionssituation mit einer Krankheit diskutieren und bewerten.
3. köpereigene Immunabwehr	Die SuS können die Funktionsweise der körpereigenen Immunabwehr darstellen.
4. aktive und passive Immunisierung	Die SuS können die aktive und passive Immunisierung vergleichen und erklären.
5. Chancen und Problematiken einer verpflichtenden Masernimpfung beurteilen	**Die SuS können Chancen und Problematiken einer verpflichtenden Masernimpfung beurteilen.**
6. HIV und AIDS	Die SuS können Maßnahmen

	reflektieren, um sich vor Infektionen mit HIV zu schützen. Die SuS können die Folgen der globalen Infektionssituation mit HIV diskutieren und bewerten.

4. Ziele der Stunde

<u>Kompetenzbereich Kommunikation (Anforderungsbereich II/III)</u>

- Die Schülerinnen und Schüler präsentieren und tauschen ihre zuvor herausgearbeiteten Argumente in der Diskussion aus.

<u>Kompetenzbereich Bewertung (Anforderungsbereich III)</u>

- Die Schülerinnen und Schüler diskutieren und beurteilen Chancen sowie Problematiken einer verpflichtenden Schutzimpfung gegen Masern in Deutschland. Sie beurteilen die Sinnhaftigkeit einer Impfflicht.

5. Begründung der didaktischen Entscheidungen

5.1 Sachanalytische Hinweise

Die gewählte Fragestellung *Sollte in Deutschland eine verpflichtende Schutzimpfung gegen Masern eingeführt werden?* wird sowohl in der Gesellschaft als auch von Seiten der Gesundheitsbehörde intensiv und kontrovers diskutiert. In anderen Ländern wie zum Beispiel Frankreich und den USA ist diese aktive Immunisierung bereits verpflichtend, während es in Deutschland bislang lediglich zum Teil eine Meldepflicht und eine Impfempfehlung gibt. Die Teilnahme an letzterer muss in Deutschland für eine

Kita-Anmeldung nachgewiesen werden; doch längst nicht alle Eltern nehmen eine Beratung wahr, weshalb von Seiten des Bundesgesundheitsministers Sanktionen eingeführt werden sollen.

Angestoßen wurde die gesamte Debatte durch die teilweise hohen Erkrankungszahlen; in Deutschland zählte das Robert-Koch-Institut im Jahr 2013 rund 1600 Fälle und in europäischen Ländern im Jahr 2014 circa 22.000 erkrankte Personen. Die Impfkommission empfiehlt, Kinder zwischen dem 11. Lebensmonat und dem zweiten Lebensjahr zwei Mal zu impfen. Zurzeit haben 94 Prozent der Heranwachsenden die erste Impfung und lediglich 74 Prozent die zweite Dosis erhalten. Genau hier liegt das Problem; um die Masernerkrankung zu eliminieren beziehungsweise einzudämmen, müssten nach Angaben des Robert-Koch-Instituts rund 95 Prozent die zweite Impfung erhalten haben. Alarmierend ist auch die Immunisierungsquote der jungen Erwachsenen. Rund die Hälfte aller 30- bis 39-jährigen Personen in Deutschland hat nicht einmal die erste Impfung gegen Masern erhalten (RKI, 2016).

Ausgehend von dem Vorwissen der Lernenden werden diese die gewählte Leitfrage diskutieren und die Problematik beurteilen. Die Schülerinnen und Schüler erhalten innerhalb der Pro- und Kontragruppen eine Rollenzuweisung und lernen so in einer quasi-authentischen Kommunikation sich in andere Personen hineinzuversetzen und sich vor und nach der Diskussion eine eigene Meinung zu bilden. Innerhalb der unterschiedlichen Arbeitsschritte aktivieren, erweitern und überdenken die Lernenden ihr Wissen.

5.2 Didaktische Entscheidungen

Die Auswahl des Unterrichtsinhalts in der gezeigten Stunde lässt sich zunächst mit den Vorgaben des Hamburger Rahmenplans / Bildungsplans (2014) begründen. Dieser sieht als Mindestanforderung unter anderem bis Ende der zehnten Klasse vor, dass die Lernenden „Nutzen und Risiken von Impfungen" beurteilen sowie Maßnahmen bewerten können, „um sich vor Infektionen zu schützen" (ebd., S. 30f.).

Die Fachbereiche Kommunikation und Bewertung können nicht „inhaltsleer" gestaltet werden. Hierfür ist eine fachliche, das heißt, inhaltliche Grundlage relevant. Folglich klären die Lernenden bevor sie in eine Diskussion treten und eine Bewertung vornehmen, Sachverhalte und erkennen eventuelle Problematiken. Des Weiteren entwickeln die Lernenden „die Fähigkeit zum systematischen, zielgerichteten Lernen sowie die Nutzung von Strategien und Medien zur Beschaffung und Darstellung von Informationen" (ebd.). Basierend auf diesen Annahmen erfolgte eine thematische Herangehensweise an den zu diskutierenden Lerngegenstand.

Im Allgemeinen unterliegt Stadtteilschulen die Aufgabe, Schülerinnen und Schüler entsprechend ihrer jeweiligen Lernvoraussetzungen in einem produktiven Lernmilieu zu fördern. Neben den fachlichen sollen überfachliche Kompetenzen erworben werden. Letztere umfassen beispielsweise den Bereich Selbstkonzept und Motivation, in welchem die Schülerinnen und Schüler lernen, eine eigene Meinung zu bilden und zu vertreten. Hierbei können sie unterschiedliche Perspektiven einnehmen wie zum Beispiel die des Freundeskreises, der Familie, der Gesellschaft oder auch andere Kulturen. Zunächst haben sich die Lernenden vor allem in Pro- beziehungsweise Contragruppen Informationen erarbeitet und sollten im Anschluss in einem gemeinsamen Diskurs überlegen, ob und wenn ja welche der von ihnen formulierten Argumente auf bestimmte Personengruppen zutreffen könnten. In diese gehen sie in der Diskussion über. Ferner heißt es im Bildungsplan: „Zu dieser Fähigkeit des Perspektivenwechsels gehört auch, sich in die Rolle eines anderen Menschen einzufühlen und Verständnis dafür zu entwickeln, dass jemand anders denkt und sich daher anders entscheidet als man selbst" (ebd.). Infolge der Partizipation in ausgelosten Pro- und Contragruppen sowie der Rollenzuweisungen innerhalb der Gruppen sollen neben einem Perspektivenwechsel das Toleranzbewusstsein und die eigene Urteilsbildung gestärkt werden.

Die Idee der Unterrichtseinheit basiert auf einer problemorientierten, quasi-authentischen Kommunikationssituation, die aus Sicht der Lernenden wie folgt skizziert werden kann: Ich bin als Experte Teil einer Debatte zum Thema *Sollte in Deutschland eine verpflichtende Schutzimpfung gegen Masern eingeführt werden?* Vertreter der Gesundheitsbehörde möchten sich unterschiedlichen (Experten)-Meinungen anhören, um ein fundiertes Urteil zu begründen. In meiner Rolle trage ich zur Entscheidungsfindung bei.

Die Anforderungshöhe der Stunde ist so variabel, dass die Stundenziele von jedem der Schülerinnen und Schüler entsprechend der individuellen Leistungsniveaus erreicht werden können. Leistungsstärkere Lernende können sich in freierem und differenzierterem Urteilen versuchen, während schwächere Teilnehmende sich an ihre Notizen und die vorab gegebenen Hilfsinformationen anlehnen können. Jeder kann somit nach seinem individuellen Bedarf das Diskussionsthema angehen und reflektieren. Zur didaktischen Reduktion wurde die Lehr-Lernsituation intensiv und verständlich mithilfe der Vorstunden aufbereitet und nicht alle Argumente und Personengruppen, die an einer schlussendlichen Entscheidung der Diskussionsfrage teilhaben, berücksichtigt.

6. Begründung der Methoden- und Medienauswahl

Im Stundenverlauf werden unterschiedliche Sozialformen kombiniert wie beispielsweise die Lehrkraft-Schülerinnen und Schüler-Interaktion, Partnerarbeit und die Diskussion in der Gruppe.

Zu Beginn und am Ende der Diskussion wird ein Meinungsbild in Bezug auf die Eingangsfrage erhoben. Da die Schülerinnen und Schüler während der Diskussion eine andere Rolle, die nicht unbedingt ihrer persönlichen Ansicht entspricht, vertreten müssen, ist auch ihre eigene Urteilsbildung in der Stunde nicht außer Acht zu lassen. Gerade in ihrer Lebenswelt sollen die Lernenden dazu befähigt werden, unterschiedliche Aspekte zu reflektieren und eine eigene fundierte Ansicht zu bilden sowie nach außen hin zu vertreten.

In der Diskussion werden unterschiedliche Aspekte in Bezug auf die Leitfrage präsentiert und diskutiert. Damit möglichst viele Lernende an dem Diskurs partizipieren, wurden sie innerhalb der jeweiligen Pro- und Contraformationen noch einmal in Kleingruppen mit verschiedenen Rollen eingeteilt. Letztere umfassen die Behördenvertreter, Eltern, die Schulleitung und Ärzte mit pharmazeutischem beziehungsweise heilpraktischem Interesse. Somit müssen die Lernenden eine konkrete Rolle in Kleingruppen vertreten, über die sie sich miteinander austauschen. In einer kleineren Gruppe soll die Aktivierung jedes Einzelnen höher sein und zudem ist jede Rolle verpflichtet, mindestens zwei aktive Beiträge in den Diskurs einzubringen. Weitere Diskussionsregeln und -erwartungen werden zu Beginn der Debatte vorgestellt, damit ein verbindlicher Rahmen und eine Transparenz der Erwartungen bestehen. Die Aufgabe der Behördenvertreter ist es, die Diskussion zu moderieren und auf die Einhaltung der Diskussionsregeln zu achten. Bei Schwierigkeiten kann die Lehrperson zur Not intervenieren.

Auf einem Plakat stehen Formulierungshilfen bereit, die den Lernenden als Hilfe für eine adäquate Kommunikation in der Debatte dienen können. Am Ende der Diskussion können die Schülerinnen und Schüler alle Informationen nutzen, um sowohl die Urteilsbildung in ihrer zugewiesenen Rolle als auch ihre eigene Meinung zu überdenken und die Leitfrage unter weiteren Gesichtspunkten zu reflektieren sowie zu bewerten.

Um die Lernenden nicht mit dem Überdenken der eigenen Urteilsbildung zu überfordern, wird eine schrittweise Herangehensweise gewählt, die auf der Methode **D**enken-**A**ustauschen-**B**esprechen basiert. So wird jeder der Schülerinnen und Schüler zunächst einzeln angehalten, sich mit der Fragestellung zu befassen. In einer kurzen Austauschphase können Meinungen ausgetauscht und die Lernenden ermutigt werden, sich in der Berichtsphase zu beteiligen. Letztere wird von den Schülerinnen und Schüler in Form einer Redekette weitergeführt. Die Lehrperson zieht sich somit ein Stück weit aus der Steuerung des Unterrichts zurück und steht in dieser Phase beratend und unterstützend zur Seite und gegebenenfalls kurze Rückmeldungen gibt. Diese Methode aktiviert die Lernenden und ein permanentes Frage-Antwort-Spiel zwischen ihnen und der Lehrkraft wird vermieden.[1]

---

[1] vgl. Bauer, Körber, Meyer-Hamme (2016), S. 204.

7. Verlaufsplanung (in tabellarischer Form)

Zeit	Phase (im Lernprozess)	Arbeitsform	Lehreraktivitäten	Schüleraktivitäten	Materialien
08:50	**Begrüßung – Organisatorisches** Vorstellung des Themas und des Ablaufs	L-Beitrag	L begrüßt die SuS und den Besuch L nennt das Thema	zuhören	Smartboard / Tafel M2
08:53	**Hinführung** persönliches Meinungsbild zur Diskussionsfrage	L-S-I	Moderation	Ordnen sich zu -> ja / nein / Enthaltung	Tafel M2
08:55	**Einstieg** Diskussionsregeln; Eingangsplädoyers	L-S-S-I	Anmoderation	Stellen Diskussionsregeln vor; Behördenvertreter eröffnen die Runde und jede Kleingruppe hält ein kurzes Eingangsplädoyer.	M2
09:05	**Erarbeitung** Diskussion	S-S-I	steht lernbegleitend zur Seite; interveniert ggfs.	SuS diskutieren; verteidigen ihre Position, entkräften Gegenargumente. Die Behördenvertr	Smartboard; M1 M2

				eter achten auf die Einhaltung der Diskussionsreg eln und moderieren ggfs.	
09:15/ 20	**Abschluss Erarbeitung** - Unterrichtsauss tieg möglich	L-S-S-I	Anmoderation Jede Kleingruppe (Pro- und Contra) hält ein Abschlusspläd oyer. Vorher Zeit zum Besprechen und L gibt Impuls: *„Erinnert euch hierfür nochmal an das stärkste Argument der anderen Gruppe, um zu einem endgültigen Urteil zu kommen."*	Jede Kleingruppe (Pro- und Contra) hält ein Abschlusspläd oyer	M2
09:20/ 25	**Inhaltliche Auswertung** Meinungsbild	DAB Redekett e -S-S-I	Anmoderation	<u>SuS:</u> • *„Beurteil e, inwiefer n sich deine persönli che Meinung geänder t hat /*	Tafel: Meinungsb ild; M2 Smartboar d: Visualisier ung der Fragen

				gleich geblieben ist und erläutere Aspekte, die dazu beigetragen haben."	
			12	Berichten – Redekette	
09:33	**Verabschiedung**	L-Beitrag	Moderation	verabschieden sich	

| Didaktische Reserve | **Reflexion** | S-S-I | Anmoderation | • „Beurteile, inwiefern du dich in deine zugeteilte Position / Rolle hineinversetz en konntest und nenne Aspekte, die dir dabei geholfen haben.“

• „Benenne und erkläre die Aspekte, die du bei der nächsten Diskussion anders umsetzen würdest.“
• (Z.B. Vorbereitung auf die Diskussion; Partizipation an der Diskussion…) | M2;
Smartboard;
Visualisierung der Fragen |
| | | | 13 | | |

8. Literatur

Bauer, J., Körber, A., & Meyer-Hamme, J. (2016). *Geschichtslernen. Innovationen und Reflexionen.* Kenzingen: Centaurus.

Freie und Hansestadt Hamburg, Behörde für Bildung und Sport (Hrsg.): *Bildungsplan Stadtteilschule Biologie Klassenstufen 7-11* 2014.

Robert Koch-Institut (RKI) (2016). *Antworten des Roberts Koch-Instituts und des Paul-Ehrlich-Instituts zu den 20 häufigsten Einwänden gegen das Impfen.* Abrufbar unter https://www.rki.de/DE/Content/Infekt/Impfen/Bedeutung/Schutzimpfung en_20_Einwaende.html (Stand: 20.05.2017).

- **M1: Formulierungshilfen für die Diskussion (werden auf einem Plakat bereitgestellt)**

- **M2a: Phasenplan zur Übersicht über die Diskussion (an Tafel)**

- **M2b: geplantes Tafelbild zur Meinungsumfrage (an Tafel)**

Formulierungshilfen

- *Du hast eben gesagt, dass ...*
- *Habe ich dich richtig verstanden? Du meinst also, dass ...*
- *Du hast behauptet, dass ... Ich sehe das anders ...*
- *Dem möchte ich widersprechen ...*
- *Meinst du wirklich, dass ...*
- *Ich kann deine Meinung nicht teilen, weil ...*
- *Ich finde, du verallgemeinerst zu sehr, wenn du behauptest, dass ...*
- *Meiner Meinung nach muss man auch bedenken, dass ...*

Phasenplan der Diskussion

-Meinungsbild

1. Eröffnungsrunde

2. Hauptdiskussionsrunde

3. Abschlussrunde

-Meinungsbild

(Reflexion)

geplantes Tafelbild zur Meinungsumfrage

Sollte in Deutschland eine verpflichtende Schutzimpfung gegen Masern eingeführt werden?

ja: **nein:**   **Enthaltung:**   **(Anzahl der SuS)**

BEI GRIN MACHT SICH IHR WISSEN BEZAHLT

- Wir veröffentlichen Ihre Hausarbeit, Bachelor- und Masterarbeit

- Ihr eigenes eBook und Buch - weltweit in allen wichtigen Shops

- Verdienen Sie an jedem Verkauf

Jetzt bei www.GRIN.com hochladen und kostenlos publizieren